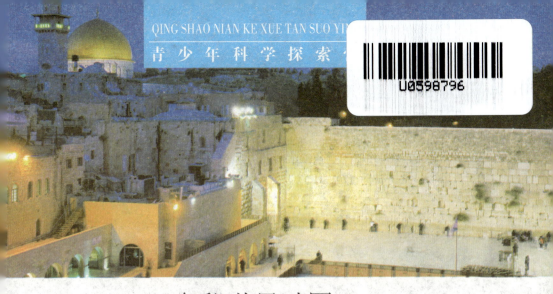

QING SHAO NIAN KE XUE TAN SUO

青少年科学探索

U0598796

奥秘世界谜团

李 勇 编著　丛书主编 郭艳红

异度：有没有异度空间

汕头大学出版社

图书在版编目（CIP）数据

异度：有没有异度空间 / 李勇编著. -- 汕头 ：汕
头大学出版社，2015.3（2020.1重印）
（青少年科学探索营 / 郭艳红主编）
ISBN 978-7-5658-1701-4

Ⅰ．①异… Ⅱ．①李… Ⅲ．①科学知识—青少年读物
Ⅳ．①Z228.2

中国版本图书馆CIP数据核字(2015)第028189号

异度：有没有异度空间　　　　　YIDU：YOUMEIYOU YIDU KONGJIAN

编　　著：李　勇
丛书主编：郭艳红
责任编辑：宋倩倩
封面设计：大华文苑
责任技编：黄东生
出版发行：汕头大学出版社
　　　　　广东省汕头市大学路243号汕头大学校园内　邮政编码：515063
电　　话：0754-82904613
印　　刷：三河市燕春印务有限公司
开　　本：700mm×1000mm 1/16
印　　张：7
字　　数：50千字
版　　次：2015年3月第1版
印　　次：2020年1月第2次印刷
定　　价：29.80元
ISBN 978-7-5658-1701-4

前言

　　科学探索是认识世界的天梯，具有巨大的前进力量。随着科学的萌芽，迎来了人类文明的曙光。随着科学技术的发展，推动了人类社会的进步。随着知识的积累，人类利用自然、改造自然的的能力越来越强，科学越来越广泛而深入地渗透到人们的工作、生产、生活和思维等方面，科学技术成为人类文明程度的主要标志，科学的光芒照耀着我们前进的方向。

　　因此，我们只有通过科学探索，在未知的及已知的领域重新发现，才能创造崭新的天地，才能不断推进人类文明向前发展，才能从必然王国走向自由王国。

　　但是，我们生存世界的奥秘，几乎是无穷无尽，从太空到地球，从宇宙到海洋，真是无奇不有，怪事迭起，奥妙无穷，神秘莫测，许许多多的难解之谜简直不可思议，使我们对自己的生命现象和生存环境捉摸不透。破解这些谜团，有助于我们人类社会向更高层次不断迈进。

　　其实，宇宙世界的丰富多彩与无限魅力就在于那许许多多的难解之谜，使我们不得不密切关注和发出疑问。我们总是不断地去认识它、探索它。虽然今天科学技术的发展日新月异，达到了很高程度，但对于那些奥秘还是难以圆满解答。尽管经过古今中外许许多多科学先驱不断奋斗，一个个奥秘被不断解开，推进了科学技术大发展，但随之又发现了许多新的奥秘，又不得不向新问题发起挑战。

宇宙世界是无限的，科学探索也是无限的，我们只有不断拓展更加广阔的生存空间，破解更多的奥秘现象，才能使之造福于我们人类，我们人类社会才能不断获得发展。

为了普及科学知识，激励广大青少年认识和探索宇宙世界的无穷奥妙，根据中外最新研究成果，编辑了这套《青少年科学探索营》，主要包括基础科学、奥秘世界、未解之谜、神奇探索、科学发现等内容，具有很强系统性、科学性、可读性和新奇性。

本套作品知识全面、内容精炼、图文并茂，形象生动，能够培养我们的科学兴趣和爱好，达到普及科学知识的目的，具有很强的可读性、启发性和知识性，是我们广大青少年读者了解科技、增长知识、开阔视野、提高素质、激发探索和启迪智慧的良好科普读物。

目 录

无人能解的神秘事件

刚果恐龙被杀

刚果恐龙被认为生活在刚果河流域。迄今为止，只有一些目睹者、模糊的远距离录像以及几张照片证明刚果恐龙的存在。

最引人注目的一条证据是有关一只刚果恐龙被杀。1955年以

来，托马斯一直在刚果传教，他收集了很多关于刚果恐龙的最早证据和记录，并声称他自己就有两次碰到刚果恐龙。

泰莱湖附近的土著俾格米人说他们在泰莱湖支流上建了一道篱笆以防止刚果恐龙妨碍他们捕鱼，一只刚果恐龙试图破坏篱笆，当地居民便杀了这只刚果恐龙。

托马斯还提到有两个俾格米人在射杀刚果恐龙时模仿它的叫声，之后当地居民举行了一次宴会，刚果恐龙就这样被煮了吃了。但是参加这次宴会的人最终都死了，不是死于食物中毒就是自然死亡。

消失的荷兰人金矿

在美国亚利桑纳州，有一个称为迷信山的山区，这里荒草丛生，怪石峥嵘，猛兽出没，到处是凶狠的响尾蛇。在山中的某一个不知名的地方，有座被人们称为"迷失荷兰人金矿"吸引着无数的探险者们。

1840年末，一位名叫伯拦塔的探险人深入山区，几经艰险，终于发现一处矿藏丰富的金矿，他仔细地做了标记，以便终生受用。从此很多探宝人一直想找出这处金矿，但很多人不幸葬身荒野，有些人则在途中惨遭印第安人的伏击而身亡，在通往黄金道路上障碍重重，充满恐怖的气氛。

后来有一位德国探险者华兹终于找到了这处金矿，他经常在山上待上两三天，然后神秘地潜回老家，每次总会捎上几袋高品质的金矿。知道这个金矿地点的还有他的两个同伴，但是他俩全被人神秘地杀害了，凶手是谁？不得而知，大概和这座金矿一样成为永久的秘密。

1891年，华兹死于肺炎，他在临终前画了一张地图，标明了这处金矿的位置。1931年，一位名叫鲁斯的男子通过种种途径弄到了这张不知真伪的地图，6个月后，有人在山区发现了他的头颅，头上中了两枪，样子很惨，可以想象他一定被一种极为可怕的景象吓呆了，那么杀手又是何人呢？

1959年，又有3位探险者在这处山区遇害，是谁杀了他们呢？这些尚未出土的宝藏，是世界上千千万万个已知或未知宝藏的一部分，它们是已经产生或未产生的惊险故事的线索，无疑，它给人以惊喜、疑虑、遗憾和悲伤。

那加火球

世界上有完整记录但无法解释的现象之一：每年10月的夜晚，成千上万的观察者聚集在泰国湄公河岸观看从河里出来的火球。这些球为淡红色。它们缓缓从河里升起然后加速上升直至消失。

来自侬开的一位医生玛纳斯·坎诺克森认为火球是由于河底的沉淀物发酵产生沼气，沼气浮出水面时产生火花形成的。

意大利的化学家也认为这是由于物体腐烂产生的气体所引起的。但是也有其他一些研究人员反对这种观点，他们认为河底并没有太多的沉淀物，并且沼气会在浮出水面之前被水溶解。所有的这一切还是个谜。

哈罗德·霍尔特

他是澳大利亚政客，他于1966年当选为澳大利亚第十七任总理。1967年12月17日，星期日，霍尔特和几位好友在他最喜爱的切维厄特海滩游泳，尽管当时海上风高浪急，霍尔特不顾朋友劝阻执意要下水游泳，很快霍尔特被浪花淹没。

他的朋友赶紧报警，短时间内，澳大利亚皇家海军、直升机、附近的军队以及当地的自愿者出动搜寻霍尔特，这种迅速而大规模的搜寻还是澳大利亚历史上的第一次，但是霍尔特最终还是没被找到。

两天后，政府官方宣布霍尔特被推测已死。搜寻被终止，也没有进行任何的官方调查。至今这位澳大利亚总理的死因仍是个谜。

蔡斯墓穴

18世纪，瓦尔朗有一个富裕的庄园主，他在巴巴多斯岛的一

个基督教堂里建了一座岩石墓穴。墓穴有一道厚重的大理石门，1807年托马西娜夫人葬于此。

一年之后，同样是庄园主的蔡斯家族接管这座墓穴，他的两个女儿分别于1808年和1812年葬在此坟墓，然而就在托马斯·蔡斯的棺材1812年也被抬进这座坟墓时，人们发现他两个女儿的棺材颠倒了，但是墓穴并没有任何被闯进的迹象。

1816年另一位男孩的棺材抬进墓穴时，人们发现蔡斯的棺材又被弄乱了。有关这个奇怪墓穴的流言开始传开了。

尽管墓穴是密封的，但蔡斯家族的4个棺材又再次处于混乱状态。之后巴巴多斯岛政府官员康博威尔长官出手，在1819年命令将这些棺木按秩序排好，并在门上贴了封条。第二年他再次去墓穴时，封条完整无缺，但是里面蔡斯家族的4个棺木再次被打乱。只有托马西娜夫人的棺木还很平静地躺在角落。

这种现象没有一个合适的解释。奴隶不可能在没有留下任何迹象的情况下移动棺木。也没有发生过洪水,而地震也不可能只震这一个墓穴而周围完好无损。最后人们决定将墓穴搬空,至今墓穴仍然是空的。

北角和波音飞机

波音飞机的创造者威廉·波音将他的两架飞机一起卖给了新西兰的一所飞行学校,这是波音公司的第一笔交易。起初这两架飞机被用来运输邮件和乘客。1924年新西兰飞行学校关闭,这两架飞机去向不明。

1959年一位先驱飞行家给波音公司写了一封信,信中透露,这两架波音飞机后被运往北角的一个军事基地,放在一个空隧道仓库里。一位军事长官认为机身有火灾危险,于是他下令关闭了隧道,但有证据显示这两架飞机至今依然存在。但由于军队和政府的隐瞒,这两架具有历史意义的飞机去向仍然是个谜。

圣亚努阿里乌斯的血

圣亚努阿里乌斯是那不勒斯主教,罗马天主教的殉教圣人,

传说公元前305年，那不勒斯市主保圣人圣亚努阿里乌斯受到罗马异教徒的严刑拷打并被斩首，一名那不勒斯妇女设法收集起他的鲜血并将其保存在一个玻璃樽里。

令人惊奇的是，自1389年开始，他凝固的血液每年都会变成液体3次，尤其是将玻璃樽带到他遗体附近，奇迹就会发生。科学家将这种奇怪的现象解释为化学反应，当玻璃樽被摇晃或移动时，其中物质会发生变化。

然而，"看起来像冻胶"的血液只在特定的日子液化，仍是未解之谜，并为其蒙上了一层神秘的面纱。

登山者死亡事件

这个事件是指1959年2月2日晚发生在乌拉尔山脉北部9位滑雪登山者死亡的事件。这个团队在登"死亡之山"的东脊时发生事故，整队死亡。

之后对此事的调查显示这些登山者的帐篷是打开的，他们在厚厚的雪地上赤着脚，他们的尸体没有任何打斗的痕迹，其中一个颅骨断裂，两个肋骨断裂，一个舌头失踪，还有一些人被破烂的衣服包裹，而这些衣服又好像是从已死的人身上剪下来的。

研究发现，死者的衣服含有很强烈的放射物质，尽管这些放射物有可能是后来被添加进去的。一位调查的医生说3名死者的致命伤可能不是由人造成的，而是一种极端力量。迄今为止这种未知力量仍是个谜。

爱尔兰王冠珠宝

19世纪爱尔兰国王威廉五世收集了很多珠宝，这些珠宝都被安全地放置在柏林城堡的贝德福德塔里，由阿尔斯特军事首脑、

他的外甥及两名助手保管。

1907年6月18日，教区牧师称塔的大门钥匙不见了。5天之后，一名清洁工在她工作时发现大门是开的。接着在7月6日，她又发现了更奇怪的事情：装满珠宝的金库大门在整晚是敞开的。

那天下午，牧师和威廉五世的外甥检查黄金并为圣帕特里克的领子装饰珠宝，这时一位门童进来，牧师将钥匙交与他并让他完成剩下的珠宝镶嵌，一分钟之后，当牧师再次回到金库时，他发现所有的珠宝都不见了。

警察一直没有抓到罪犯，苏格兰侦探曾经写出一张嫌疑人名单，但是这份报告被压制了。之后爱德华七世认为当时的4个人都应为保护珠宝不力而负责。

14年之后，当年的牧师死在自己的花园中，令人不解的是他身中子弹，并被贴上标签"爱尔兰共和军永远不会被忘记"，但是大多数爱尔兰人民认为，这位受到英国政府恶劣对待的牧师是无罪的。而爱尔兰王冠珠宝也再没被找到。

延 伸 阅 读

1979年9月22日，美国船帆座卫星显示两道亮光。这两道亮光一直被猜测为核爆炸的典型亮光，但是最近解密的文件显示"尽管这像是核爆的信号，但这可能不是来自核爆炸。"这种现象至今仍然无法解释。

令人恐怖的灵异事件

诡异的歌声

某市有个女孩当晚和爸爸妈妈一起看完春节晚会直到凌晨3点左右才睡觉。女孩的房间床紧挨着暖气包，所以暖气包那一片隔音效果不太好，女孩那天躺在床上就快睡着的时候突然听到从楼下传来了一阵歌声，在当时还蛮流行的那种。

当时她家里父母都睡了，所以很安静，被吵的一直睡不着，时间长了女孩就有些烦躁。拿起床头的小台灯去砸暖气包，咚咚

几声歌声就停止了，可是过了几分钟又开始了，于是又砸，歌声又停止，最后她就去她爸爸妈妈的房间睡了。当晚睡的很沉。

第二天她到楼下去找小区的保安对他说"昨晚我家楼下那家人大半夜了还在放歌，声音很大，麻烦你告诉他们一声，这样影响我休息。"保安问她是几楼，她回答道"我家6楼左边，楼下是5楼左边。"

保安顿时很诧异，对女孩说道"5楼左边的人家去了外地和自己的子女过年，所以他家没有人啊,你听错了吧小姑娘。"女孩顿时感到背脊冰凉，她自己很确定不会听错。那之后就再没和别人说起。

游泳异事

2005年夏天7月的一个晚上，天非常热，几个青年到河里游泳。月光中，他们发现不远处的河中有一长发的女子也在游泳，长长的头发飘在身后的水面上，显的非常优美。一连三个晚上，这几个青年都发现这个姑娘在独自游泳。好奇心的驱动下，他们决定一起向姑娘靠近，越来越近，其中一个男青年忽然发现了有些古怪，那游泳女子似乎从来没有手脚露出水面。

这时候那女子向其中一个青年快速游来。在快要相撞的一瞬间，青年本能的伸开双手去迎接，游到他手中的，只有一颗带着长发的散发着恶臭的女子头颅……三天前，附近发生了一起凶杀案，一名年轻的长发女子被分尸，头没有找到。

诡异的12楼

一个住13层的女孩晚上回家，正巧赶上电梯故障不能使用。望着长长的楼梯有点害怕，就让妈妈下楼接她，妈妈下来和她一起上了楼，当她们一起走到12楼时，女孩的电话响了，传出她妈妈的声音："闺女，妈妈下来了，你在哪啊？"

冥钞

2004年的时候，某市河西区解放南路上有一个骑车上班的人被车压死，事后围观的群众发现，死者手里紧握着一张百元面值的冥钞。据开车的司机说，当时他的车刚下立交桥，车速很快，突然前方一个骑自行车的人把车骑到路中间，去拣地上的一张钞票……据说，这是以前在这里被压死的人，设下的圈套，在找替死鬼，自己好投胎。

乘车诡异事件

90年代后期，一天夜里有3个人搭乘一辆出租车要到津南区农村的一户人家，他们3个分别穿黑、白、花色的衣服，在到了目的地后，他们给了司机钱，进了那户人家，司机当时没在意，回家后才发现自己收的是冥币。第二天就回去找到那个人家去问昨天夜里是否有3个人来过，那家人说，那个时间根本没人来过，只是他家的母猪生了黑，白，花三只小猪…

婚礼的照片

一位年仅12岁的男孩，名叫乔丹·马丁，参加一场婚礼作为婚礼的宾客，在婚礼当天用数码相机拍摄了一组婚礼相片，但是几天之后，当马丁在电脑上查看这些相片时，却惊奇地发现一张令人感到恐慌的相片。

相片中新郎新娘奈杰尔和海伦·戴维斯在相拥跳舞，但是在相片的最右侧又清晰可见一名妇女的头同身体脱离地面数英寸在悬浮着。据乔丹称："几天之后当我在电脑上看到这张相片时，我简直不敢相信我的眼睛所看到的图像，但是真的太奇怪了，看起来就像个幽灵。

十字路口的车祸

某年，A君路过一个十字路口的时候，目睹了一场车祸，一辆大货车将一名中年妇女和一个估计只有10多岁的女孩撞飞出去有20多米远，随即大货车也停了下来，随后司机下车跑了过来，跑到那对母女旁边，先喊了一下，看没反应，就蹲下去推了那个母亲一下，就在他推那位母亲的时候，A君突然发现，在他旁边有一个小女孩，也蹲在那位母亲旁边，在那里看着倒在地上的母亲。

诡异柳树林

A君在朋友家吃完饭独自一人走在回家的路上，因为他家住在农村，路不好走，又没有路灯，所以走的十分艰难。走的时候他在朋友家拿了一个手电，就冲冲上路了，他朋友家和自己的家离的不远，约有10里路。

走着走着，期间路过一片柳树林，柳树都不大，只有一人多高吧，他记得很清楚，当时天空非常晴朗，满天都是星星，当他走进柳树林的时候，就感觉天空突然暗了下来，抬头看了一下，突然间，一颗星星都看不到，好像被一大片云遮挡住了一样，他没有理会，低头继续走，走了好大一会也没有走出去，他有点纳闷了，这片柳树林也不大啊，平时一两分钟就可以走出去的啊，可现在过了不止5分钟了，这是怎么回事？

难道走岔路了？也不对啊，就一条路啊，而且是笔直的路，于是他又往前面继续走，走了好大一会又没有走出去，这下他害怕了，难道撞邪了？

  此时他抬头看了看，还是看不到一颗星星，拿起手电照了一下前面的路，依然那么笔直，一直通向黑暗。通往另一个不为人知的世界，这时候，他心一横，不走了，等天亮再说，于是就靠在路旁一颗柳树睡着了，醒来时，他发现天已经亮了，自己还在柳树林里，不过是在中间，刚要起身，他就觉得身体非常痛，好像很久没运动了一样，他拖着沉重的步伐，回到了家，一进门，他的妻子先是一愣，然后抱着他哭了起来，他一时有点蒙，没反应过来，过了一会，推开了妻子问她怎么了，她边哭边问你这一个星期去哪了？

女寝怪事

A君是一名女大学生，她们女生宿舍是在山上，曾经是一个80年代风靡一时的度假村。现在没落了。她们的房间编号是410，是一个8人住的宿舍。

在9月份的时候，天气还是很闷热，一个没风的晚上时间大概是凌晨02:00，宿舍里的同学正睡得很沉了，A君忽然听到了她们洗手间好像有人丢石子的声音，开始声音还是没那么大，她只以为听错了，然后悄悄问睡在旁边的同学，她也听到了。

后来声音越来越大，把大家都吵醒了，大家觉得很奇怪，为

什么密封的洗手间里会有丢石头的声音，都不敢下床去探究，过了5分钟，一位胆子比较大的女生走到洗手间的门口看，然后大叫了一声，把大家都吓坏了，那位同学跑回床上，惊慌的说，她看见一个空衣架在洗手间里飘来飘去而且发出奇怪的声音。后来A君同几个室友也战战兢兢往洗手间走去，看见挂在洗手间的衣架在小幅度的晃动。丢石头的声音同时停止了。

接着又有一个女生尖叫，她们更害怕了，就跑去问她怎么了，她说看到一个长发的女人在她的床尾，一动不动看着她。当天晚上，大家非常害怕全都抱在一起睡觉。

延　伸　阅　读

1990年6月18日《中国人体科学报》登载了一篇奇文：最近，英国一婴儿出生时，手臂上竟然有猫王人头肖像的纹身。猫王是已逝摇滚乐超级巨星皮里士利的美称。婴儿母亲怀孕时，猫王多次在她的梦里出现，并常有猫王的多首名曲在耳际响起，且往往持续几个小时。这位目前才6个月大的婴儿已会哼出多首猫王的名曲，其长相也与猫王几乎一模一样。

灵异研究的现状怎样

鬼影

1998年，英国孔文垂大学讲师维克·坦迪等人发表论文《机器中的幽灵》，声称自己已经找到了灵异现象的一个重大成因。

坦迪孤身一人在实验室工作时，多次体验到"灵异"的感觉，包括莫名的恐慌，感觉到背后有人，甚至看到灰色的"鬼影"等。他很害怕，但每当转头过去时，那个影子就消失了。他的同事也有多次类似经历，这个实验室位于英国华威大学，也因

此被认为是闹鬼之地。

一次坦迪击剑回到实验室，当再次看到鬼影的同时观察到了花剑的震动。经检查，实验室中存在频率约18.9赫兹的次声，从而引起花剑的共振。而这一频率和人类眼睛的固有频率18赫兹相当接近。坦迪认为正是次声引起了眼睛的共振，从而产生了"鬼影"的幻觉。

进一步的调查发现，次声源是实验室中的一个排气风扇，而实验室的长度正好等于半波长，办公桌又正好位于房间正中，因此在这个位置办公时，受到的次声影响会特别明显。

解开这一谜团后，坦迪开始游历英国各地"鬼屋"，包括孔文垂大教堂和爱丁堡城堡，试图用该理论解释其闹鬼成因。

可惜在后面的日子里，坦迪和他的研究小组并没有得到更令

人振奋的结果。这主要是因为次声的形成因素难以确定。和其研究结果对应，几乎没有目击报告能清楚地描述出一个陌生的鬼的长相。对此，最合理的解释是，"鬼影"本身并非真实的光学影像，而是当事人眼中的幻觉。坦迪的研究则清楚地证明了这点。

坦迪等人的研究只能证明"鬼影"是幻觉，但仍然无法说明在众多案例中，导致幻觉产生的次声到底来自哪里。

鬼游戏

民间一向流传着不少关于鬼的禁忌。一些"招鬼"游戏，如笔仙、碟仙、四角游戏、血腥玛丽等，在鬼月里更是火爆非凡。但学术研究中，因为统计学特征的缺乏，这些"实验"大多不具备研究价值。

"血腥玛丽"是欧洲的一种通灵游戏。事实上，没有几个人能说清这个名字的由来，只是笼统地说仪式完成后，"血腥玛丽"就会出现。

通常，关于这个的名字的出处，都会附会为匈牙利的"嗜血佳人"巴托里伯爵夫人或者是英国的玛丽女王一世。显然那位伯爵夫人和玛丽这个名字扯不上关系，而玛丽女王虽然的确曾被称为"血腥玛丽"，但包括她的"暴行"和称号，都是后世一名主教宣称的，基本无法考证。再说，女王的灵魂能给你用个镜子就随便请过去？

在欧洲的灵异游戏中，"镜"的确占据了很重要的位置。在众多的恐怖故事中，都可以看到跟镜子相关的画面，例如在镜中看到鬼影，有苍白的手伸出等。而在我国的传统灵异界中，镜子更是被认为有去邪之功。我国神话中的"照妖镜"，更是与西方的说法异曲同工。

前面所说"鬼影"很有可能仅仅是幻觉，而非实际的光学影

像，镜子的作用就很令人怀疑。无论"鬼影"的幻觉因何产生，镜子都是无法"反射"该影像的。镜子在各种游戏中的作用，很有可能只是作为"灵媒"，即诱发人们产生幻觉的一种道具而已。因此，假如"血腥玛丽"中的描述一般，可以在镜中看到幻觉，那么实际的影像必定是来自前方，而非人们习惯认为的"背后"。

镜子的作用也可以以坦迪等人的研究结论来解释，因为"鬼影"虽然不能通过镜子反射，但声波却可以。镜子可以通过距离调整来改变背景声波的回声频率，因此理论上可以用来产生足以产生幻觉的次声波。

　　以上简单地从学术角度探讨了一些灵异现象，希望能让大家明白，当代科学研究并没有限制灵异现象的研究，反而还在这方面取得了一些进展。虽然还有更多的问题没有办法解释，但希望大家都能更清醒地思考灵异现象。

延伸阅读

　　鬼声，在鬼故事中，往往是小孩提醒大人："她在你后面！"；又或者是人毫无感觉，狗却朝着某个空无一人的方向狂吠。事实上，狗的耳朵的确比人的灵敏很多，而许多实验也已经证实大多数人在成年后的听力都会大幅减退。

冤魂怎能托梦报警

难解的谜

滨海市先后发生两起奇特的杀人案，案子奇就奇在两起案件现场附近的邻居因做噩梦而向警方报案，使杀人疑凶落入法网。两起杀人案被传得神乎其神，有人用佛家的因果报应来解释，有人说这是死者阴魂不散引起的心电感应，还有人认为这纯属一种偶然的心中巧合。总之冤魂托梦报警给人们留下了一个难解的谜。

结合这两起案件发生的前后始末，心理学家与刑侦专家对这

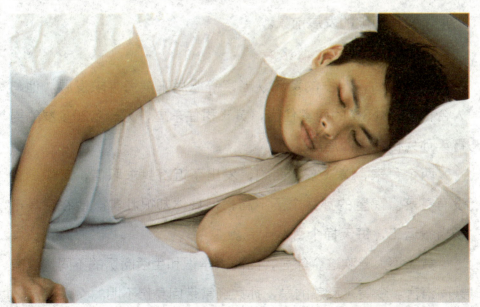

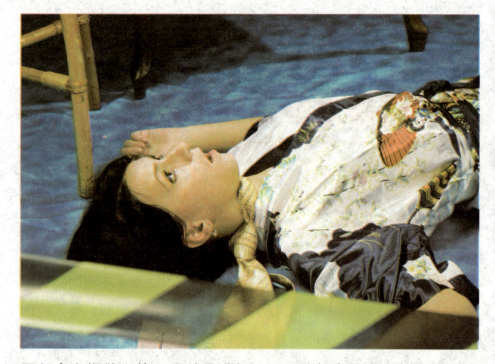

两起命案报警人的心理过程进行了深入分析和研究，终于科学、客观地揭示了"托梦报警"的心理成因，预测了未来心理侦探参与刑事案件侦破的发展前景。

房客梦里预知隔壁命案

春节过后，24岁的黄飞从老家辞职后来滨海寻求发展。他与人合租了一处3楼的两室住房，黄飞租住东屋，另一名20多岁的男青年孙兵租住了西屋。

两个月来，黄飞东奔西跑，发出了近百封求职信，工作一直没有着落。隔壁的孙兵个子不高，但身体却很壮实。他在家具市场当搬运工，每天挣个百八十元。

黄飞不大喜欢这个邻居，因两人学识和生活阅历的不同，没有共同语言。令黄飞反感的是，孙兵经常带回身份不明的女人过夜。

3月份，黄飞一走进房子，就有一种莫名的恐惧感。夜深人静，他的耳畔总是隐隐约约听到女人的惨叫声。梦境中，总是浮现家乡屠宰生猪的场景，孙兵替代了屠户，白条猪也变成了血淋淋的女尸……噩梦醒来，黄飞惊得一身冷汗。

　　3月9日夜里，隔壁的孙兵很晚没有回来，睡着的黄飞又梦见杀人情景，只不过这次杀人的梦境由朦胧变得异常清晰，黄飞仿佛看到一男子在床上用双手拼命卡住一赤裸裸女子的脖子，仿佛听到那女子在窒息中垂死挣扎的惨叫。

　　次日，很早醒来的黄飞听到了孙兵洗漱声，他趁孙兵上厕所的机会，悄悄溜进了隔壁没有上锁的房间。屋里的摆设全都是房东淘汰的老式家具，孙兵的被子和床单很长时间未洗，已经失去了原来的本色，破衣脏袜扔得到处都是，发出阵阵难闻的气味。

　　这时候黄飞吃惊地发现床尾摆着女人的内衣、内裤和胸罩，

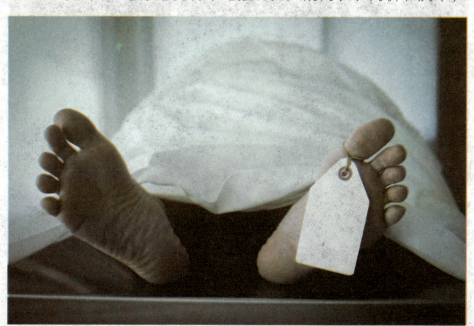

却不见女人的影子。黄飞四处张望，却看到木床下露出一只女人的脚，他弯腰朝床下望去，"妈呀"一声坐在地上，床下是两条赤裸裸的大腿。

黄飞听到孙兵冲厕所的声响，慌忙从房间里跑了出来，只穿了背心短裤跑到街上拨打了报警电话110。民警将正欲逃跑的孙兵擒获了，并在大床下发现了一具赤身裸体的女尸。

夜闻女尸"还魂"呼救

李老太家隔壁空房来了一男一女的租房客，男的是20岁出头的小伙，女的却是30多岁的少妇。

李老太当过居委会干部，她匆匆敲开这人家的房门，嘘寒问暖，软磨硬泡，整整花费了两个小时，终于弄清楚了两人的身份。男的是大三学生赵雷，女的是赵雷的表姐张鹃。以后的日子

里,李老太偷偷观察赵雷和张鹃的一举一动,经常看到他俩挽臂搂腰,亲亲热热,俨然是一对热恋的情侣。李老太感叹道:"这表姐弟太不像话了!"

赵雷恳求表姐为他买一台笔记本电脑,表姐不同意,因此丧命。张鹃死后,几天不见隔壁房间有人出入的李老太竟然得了一种怪病,每天总是辗转反侧难以入睡,而且每天夜里总被隔壁房间隐约传来的女人呼救声惊醒。

李老太见了片警小张。小张听说此事后也是半信半疑,但是人命关天的线索,小张抱着"宁可信其有,不可信其无"的态度,立即向派出所的高队长作了汇报。

高队长带领一名侦查员同片警小张找到了房主,用备用钥匙

打开了屋门。经简单查看，屋内物品摆放整洁，因没有相关凶杀的可疑证据，无法办理正式搜查手续，民警们只好让房主锁上屋门，想通过查找租房者做进一步调查。

然而，就在警方离开时，发生了戏剧性的一幕。杀人后躲藏了一个多星期的赵雷想转移表姐的尸体，便约了一名同学谎称帮助其搬东西。当两人来到房屋门口时，竟与民警碰了个正着。以为杀人事情败露的赵雷对民警说："人是我杀的，与我同学无关。"

一起杀人案还没有立案就轻松告破。不曾想李老太产生的幻觉对破获此案起到了关键作用。

超常心理感知

心理学界有关专家对这两起奇案进行了深入研讨，从心理学角度诠释了冤魂托梦现象源于一种超常的心理感知。

这种超常心理感知就是通过视觉、听觉、嗅觉、皮肤觉、平衡觉、运动觉等综合反应，结合个人生活经验的积累，通过思维、想象、言语等心理现象的综合作用产生超越时间、空间，并且与即将发生或已经发生的事件相符或接近的另一种心理现象。这种超常心理感知往往通过预感、梦呓甚至是幻觉来还原案件的真相。

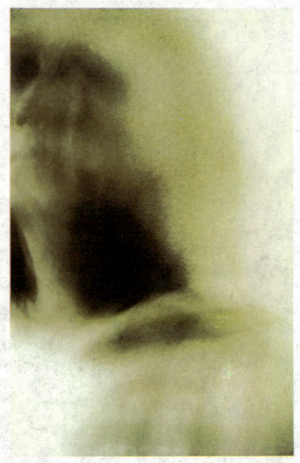

奇案之一的当事人黄飞正是通过孙兵日常的眼神、举止和行为，结合幼时看到屠户杀猪的凶相，读出了孙兵有杀人倾向的心理痕迹，并通过梦魇的潜意识表述出来，特别是在孙兵真实杀人的当晚，黄飞在睡梦中感知到一些异常声响，唤醒了其潜意识中储藏孙兵杀人的图像，生动地在梦境中反映出来，这就是黄飞这

天夜里梦境清晰可见的原因。

　　奇案之二的李老太也是从隔壁房间表兄妹的反常举动中在潜意识中产生了不良阴影，而且从这对表兄妹关系的日益紧张的关系中嗅出了隐约的杀气，凭着当年担任居委会干部养成的感知能力，进一步通过梦境的潜意识表露出来，为警方破案起到了关键作用。

　　虽然，这种超常心理感知现象不一定能百分之百揭示事情的真相，但毕竟为侦查破案提供了一种重要辅助手段。国外已经有了这方面的专门心理专家和心理侦探，通过心理超常感知侦破各类案件。

延　伸　阅　读

　　美国亚布拉罕·林肯总统在遇刺前几天就梦见自己的遗体被陈放于国家殡仪馆；"911"恐怖事件发生前就有人预知了航班可能出事信息。这些现象用超常心理感知原理就不难解释了。

欧亚大陆幽灵火车

果戈里幽灵火车

1933年春天，一位意大利军官带着果戈里的头骨匣子出发，开始了一段漫长的旅程。他的弟弟与几位朋友一起也登上了这列火车，开始了快乐的旅行。

当火车进入一个长长的隧道时，军官的弟弟想与他的朋友开个玩笑，他偷拿了果戈里的头骨匣子，作为他恶作剧的道具。可是就在火车进入隧道之前，车上的旅客突然莫名其妙的惊惶失措，这个学生当即决定，从火车车厢门外的踏板上跳下去。

后来他对记者说，当时有一股奇怪的带粘性白雾，将这列不幸的火车整个儿吞没了。他描述了旅客们，当时那种无法言表的恐惧和惊慌情景。他承认是他从他哥哥那里，偷拿了红木匣子。在这列

火车的106名乘客中，只有两个人在火车莫名其妙消失之前，跳下火车得以生还。

再一次出现

"果戈里幽灵火车" 1991年又一次出现，在波尔塔瓦时受到了报纸媒体的关注。乌克兰的两家报纸都刊登了这一事件。在铁路扳道口工作的一位铁路员工，确定火车出现的那一天是1991年9月25日。就在那一天，来自基辅乌克兰科学院研究超自然现象的一位

科学家，守候在岔道口，等待幽灵火车的再次出现。当它再次不知从哪里冒出来时，在好几个目击者的注视下，科学家跃上了最后一节车厢，火车很快消失了。而那位想破解神秘幽灵火车之谜的科学家，也随着这列诡异的火车一起消失，从此音讯全无。据报纸报道，在科学家失踪事件发生后。幽灵火车不止一次在这个岔道口出现。但是再也没有人，敢跳上这列幽灵般的火车了。报纸还报道了

幽灵火车，1955年在克里米亚半岛出现的事件。火车在那里通过了一道旧的河堤，奇怪的是，那里的铁轨早已被拆除了。

铁路上的不明物体

俄罗斯铁路上的人，将幽灵火车称为UFO。意思是铁路上的不明物体。据传闻，UFO曾反复出现在莫斯科地区和莫斯科城，1975年、1981年、1986年和1992年都曾出现过。

莫斯科大学的讲师，物理学家兼数学家伊凡·帕特塞，是对幽灵火车感兴趣的一批科学家中的领头人，他们中间有铁路专家、哲学家，还有其他专业的科学家，在幽灵火车曾出现过的地区的火车交叉道口处，曾进行了多次现场调查研究。

帕特塞的理论认为，欧亚大陆纵横交错的铁路网，是人类在地球上建造的范围最大的全球性工程，这一庞大的铁路网络，可能会对时间的流逝产生影响。帕特塞认为，任何达到相当程度的空间改变，都会引起瞬时的异常现象。而具有电磁特性的时间和空间是不可分离的，它们之间存在着某种联系。帕特塞的理论认为时间也是守恒的，过去了的时间并不会消失。

关于幽灵火车的事件发生了不少，也有不少的目击者。这一神秘现象引起了人们的极大兴趣，科学家也试图以各种理论来解释这一奥秘。但是幽灵火车的突然出现，以及神秘消失至今仍是一个难解之谜。

延 伸 阅 读

历史上曾有过许多关于幽灵火车的报道，怪诞的"鬼火车"事件曾在俄罗斯的一些报纸媒体上多次报道，莫斯科大学科学家也对幽灵火车现象进行过调查，但真相到底是什么，至今还没有权威的解释。

世上真有幽灵吗

教堂里的神秘身影

　　英国人科里斯·布莱克雷在1982年时拍摄过一张照片。初看这张照片，伦敦的圣·博多夫教堂毫无异常。但是，如果仔细观察，你就会发现右侧楼台上有个奇怪的身影。

　　难道这是一个幽灵吗？或者只是他弄虚作假的合成照片？尽管

作者科里斯多次发誓没有对照片做过手脚，但是事实上对同一幅胶片进行多次曝光，就有可能把两个完全无关的影像叠合在一起。这种做法就可以制造出照片上的效果，让人觉得确实有飘浮的幻影出现在教堂里。

调皮鬼事件

在伦敦北部的埃菲尔德区，哈珀太太的住处曾经遭受过1500多起异常事件的骚扰。

从1977年8月至1979年4月，怪事接二连三地发生：家具常常会自己移位，到处都会发出莫名的声响……安装在孩子房间里的摄像机更是捕捉到了一些奇异的画面：被单不知被谁掀开，大女儿像着了魔一样从床上蹿起。

后来这些奇怪的现象渐渐减少，最终完全消失。但是到现场观察的人却没有一个弄明白这是怎么回事。

英国工人的奇遇

　　一个暮色苍茫的傍晚，一个名叫费尔顿的英国地毡工，参加完标枪比赛后，驾着小汽车往家里赶。突然，他发现路边站立一个面容憔悴，下巴很长的男人朝他伸出拇指，请求他停下车来带他走一程。

　　费尔顿一向乐于助人，他把车子停了下来，让那人钻进了车子里。那人一言不发，只是用手指着前方。看着他这个模样，费尔顿也不好太多搭理他，只顾开着车子在凹凸不平的路面上前行。

　　好不容易过完这段崎岖的路段，费尔顿舒了一口气，拿出香烟，给坐在旁边的那位陌生人递过去一支，但他立即又停住了，而且惊得目瞪口呆，那个明明上了车、坐在自己身边的人不见了！这

种幽灵乘客事件，在附近的村子里也曾出现过，甚至当地警察局也接待过好几个遇见过幽灵乘客的人。

人们展开的争论

这种幽灵乘客事件开始引起人们的关注，有人开始探寻起它的底细来。有的认为，幽灵乘客不是有血有肉的实在东西，而是人们的一种幻觉，是由于荒诞不经的民间传说的影响所致。有的则认为，这是因为驾车人太疲劳了，才下意识地总觉得有一个幽灵乘客坐在自己身边。

但是，更多的人却认为，以上的解释不能说服人，因为它不是个别现象，在附近的村子里已分别在不少人身上发生过，而且，

人们的幻觉是不可能维持这么长一段时间的。至于真正的原因是什么？直至现在，还是众说纷纭。

精神病理

科学证明，所谓神灵附体现象是一种精神病理现象，其主要症状是身份障碍，即本人现实身份由一种鬼神或精灵的身份暂时取代。患者多数性格外向、喜交往、重感情，还常有癔症性哭笑失常发作的历史。这种精神疾病的发病机理和病因目前还不十分清楚。有人认为发生这种疾病是一种变换的意识障碍，具体表现为知觉、记忆、思维、情感、意志力等方面都存在障碍，如患者对主客观和现实的辨认能力明显减弱，受暗示性影响明显增强，过分依赖于巫

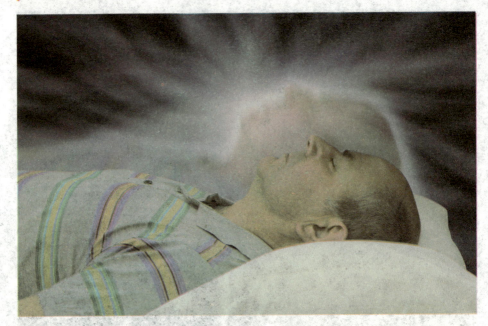

师或心目中权威人物的意愿，而被动地顺从并付诸行动等。至于发病原因，有很多，如癫病发作、血糖过高或过低、脱水、睡眠剥夺、药物的戒断状态、气功入静、白日梦等

延 伸 阅 读

在美国的繁华大街上，有一个名叫怀特的女士，她长着一头乌黑的长发，脸上有时很干净，有时又会沾满血迹。当你独自开车的时候，她会要求搭车，不管你愿不愿意，过一会儿你就会发现她坐在你的车后座上。

是离奇还是巧合

国王与店主

1990年，意大利国王翁贝尔托一世到米兰几千米外的蒙察，准备次日颁奖。当晚到一间小饭店用膳，国王发现店主的容貌和体型跟自己十分相似，倾谈后发现两人在同年同月同日生于同地，名字相同，同在1868年4月22日结婚，妻子都叫玛格丽塔，都有一个名为维托里奥的儿子，这饭店开张之时就是国王登基之日，两人同时在1866年获得英勇勋章。后来两人同在一天死亡，都死于枪击。

林肯与肯尼迪

林肯在1860年当总统，肯尼迪在100年后的1960年当总统，两人都在妻子陪同下的星期五遇害，两人都极关心黑人权利，均在白宫有一名儿子身亡，两人都因后脑中弹死亡，林肯在福特戏剧院遇刺，肯尼迪在福特汽车公司制造的林肯牌汽车中遇刺，继任他们的副总统都叫詹森，而且都曾任参议院民主党主席，出生年也相差100年，林肯的私人秘书叫肯尼迪，肯尼迪的秘书又叫林肯，刺杀林肯的凶手比刺杀肯尼迪的凶手早出生100年，两名凶手都在受审前遭人谋杀，刺杀林肯的凶手事后由戏院逃到一个谷仓，刺杀肯尼迪的凶手事后由一个谷仓逃到一所戏院。

意想不到的相似

1930年的一天，菲洛克在底特律的街道行走时，一名婴儿在高处窗口坠下落在他身上，两人都平安无事。

1975年一名乘电单车的人在百慕大被出租车撞死，巧合的是在一年前死者的哥哥也是乘同一辆电单车在同一条街上被同一辆载着同一个乘客的出租车撞死的。

1883年德克萨斯州的一个女子被男子遗弃后为情自杀，她哥哥因此找那人报复，向那人开了一枪，子弹擦过他脸庞，射入一棵大树中，他哥哥认为那男子已死，于是自杀。30年后那男子用

炸药炸开那棵大树，那颗嵌入大树中30年的子弹竟穿过他的头部将他打死。

跑车的巧合

电影明星詹姆斯·迪恩于1955年驾驶自己的名牌跑车兜风时死于车祸，他的那辆被撞毁的跑车后来被拖到了一个修配厂里修理，在拆卸过程中，用千斤顶支撑的车突然坠地，砸断了一名修理工的腿。该车发动机后来卖给了一名医生，这名医生将发动机安装在了自己的赛车上，医生后来开着赛车比赛时死于车祸，另一名购买了迪恩报废汽车方向轴的赛车手，也死于车祸。

詹姆斯·迪恩汽车的外壳被人用来展览，然而展厅却突发火灾。还有一次，它从展台上跌落，砸碎了一游客的臀骨。

幸运的巧合

2004年5月28日，波兰一个77岁高龄老太太上了国际新闻，因为她一生遭遇过4次飞机失事，两次火车相撞，也发生过沉船事件，不过最后都化险为夷。

这个老太太叫巴巴拉·罗雅，从幼年起，她就灾难不断，但每次都似乎有天使保护她，让她平安度过。

报导说，巴巴拉一生经历4次飞机失事，7次车祸，12次从大楼或楼梯莫名其妙摔下来，还发生过她在阳台看楼下小朋友玩游戏、阳台断裂、华沙剧院屋顶吊灯坠落、两次火车相撞、煤气爆炸、罪犯袭击、快艇沉入水底等灾难，但她却安然无恙。

　　为证实这些危险故事，巴巴拉保留有关她的报纸剪报和目击者证词，根据这些资料，她一生127次与死神擦身而过，可以说是人间奇迹。波兰科学家跟星象家都无法解释巴巴拉的经历，因此有人怀疑有守护天使保护她，但也有人说巴巴拉是扫帚星。

延 伸 阅 读

　　"泰坦尼克号"在发生沉没之前的1898年摩根·罗勃森出版过一部小说，描述一艘号称永不沉没的"泰坦号"豪华邮轮，做处女航行时撞向一座冰山而沉没，死伤者众多。小说中有不少细节与真正的沉船事件极为相似。

成吉思汗陵墓诅咒显现

考古挖掘为何中断

　　一个美国历史与地理考古队于2002年6月获得蒙古国的许可，在蒙古首都乌兰巴托以北321千米的地方，发掘他们认为可能是成吉思汗的陵墓地点。

　　然而，这个由芝加哥大学历史学者伍兹以及黄金交易商克拉维兹共同组成的考古队，在遭遇一连串不幸事件后，突然决定放弃发掘行动。

　　考古探险队发现，陵墓地点由一条3000米长的墙壁保护，发掘过程中从墙壁中忽然涌出许多条毒蛇，一些考古工作人员被蛇咬伤。另

外，他们停放在山边的车辆无缘无故地从山坡上滑落。

　　因此有传言说是成吉思汗显灵了。后来，一位蒙古国总理指责考古队的发掘行动，惊扰了蒙古人的祖先，亵渎了他们圣洁的安息地点。考古队遭到这一连串打击后，决定立即停止挖掘行动。

　　据说，成吉思汗在1227年去世之前，曾下令不许任何人知道他的陵墓所在处。还有一传说，有上千名士兵在陵墓完工后遭到灭口，以防止他们将陵墓地点泄露；另有800名士兵在返回蒙古时被屠杀，随后数千匹马被驱赶，将墓地的痕迹完全踏平。

　　另外，据说，成吉思汗下葬后，为保密起见，以一棵独立的树作为墓碑。为便于日后能找到墓地，在成吉思汗的坟上杀死了一只驼羔，将羔血洒于其上，并派骑兵守墓。等到第二年春天小草长出以后，墓地与其他地方分辨不出时，守墓的士兵才撤走。子女如想念成吉思汗，就让被杀驼羔的母驼作为向导，引人前来祭拜。

成吉思汗为什么不许后人知道陵墓的所在？陵墓里有什么秘密？难道真有诅咒？

成吉思汗陵挖掘争议

电视剧《成吉思汗》的编剧朱耀廷均说，按照蒙古族的传统，成吉思汗是"密葬"，不希望让后人发现，对于后人来讲，应该尊重祖先，而且蒙古族子孙也不希望成吉思汗墓被发掘。

内蒙古社科院的研究员潘照东更是语出惊人："我们以后也很可能找不到确凿的埋葬地点，也许成吉思汗什么都没有留下，我们的思路一直是错误的。"

当时蒙古人没有肉身崇拜的传统，认为人的肉身来自于大自然，去世了也应该回归大自然。早日安葬，灵魂方可升天。因此，成吉思汗陵供奉的银棺灵柩中，保存的是成吉思汗逝世时的灵魂吸附物——白公驼顶鬃，而不是成吉思汗的遗骸。

潘照东不赞成大规模发掘成吉思汗陵，按照蒙古族传统，打搅死者灵魂是对死者的不敬，遗体没有保存价值，关键是灵魂不灭。

成吉思汗的陵墓到底处在哪个方向，处于什么样的状态这一问题，应该使它永远成为一个谜底似的问题，让那些愿意猜谜底的人继续猜这个谜底吧！

成吉思汗之死的推测

成吉思汗原名铁木真，1162年出生，1206年建立大蒙古国，尊号"成吉思汗"，蒙语意为"像大海一样伟大的领袖"。1227

年,成吉思汗征讨西夏时死于军中,时年66岁。如今,西方很多崇拜者称其为"全人类的帝王"。

对于成吉思汗的死因历来说法很多。据记载,在出征西夏前一年,成吉思汗的身体状况已经出现问题。一次打猎时,从马背上摔下受伤,并引发高烧。当时进攻西夏的计划已定,成吉思汗因身体不适,考虑退兵。

但在使臣交涉过程中,西夏将领出言不逊,致使成吉思汗大怒,于是抱病出征。最终虽然灭亡了西夏,而成吉思汗也死在军营里。有学者据此认为,成吉思汗是病重致死。

此外,曾经于13世纪40年代出使蒙古的罗马教廷使节普兰诺·加宾尼,在其传世的著作中却说成吉思汗是被雷电击中身亡。而著名的意大利旅行家马可·波罗留下的记载中称成吉思汗

是在攻城时中箭而死。

最离奇的一个说法见于清朝成书的《蒙古源流》，该书中说成吉思汗俘虏了美丽的西夏王妃，这位王妃在侍寝时刺伤成吉思汗，然后投黄河自尽，成吉思汗也因伤重不治而亡。目前，史学界和考古界对于成吉思汗的死因，大多倾向于《蒙古秘史》上的记载。

延 伸 阅 读

蒙古族盛行"秘葬"，所以真正的成吉思汗陵究竟在何处始终是个谜。现今的成吉思汗陵乃是一座衣冠冢，它经过多次迁移，直至1954年才由内蒙古自治区湟中县的塔尔寺迁回故地伊金霍洛旗，这里绿草如茵，一派草原特有的壮丽景色。

幽灵岛失踪之谜

神秘的幽灵岛

史料记载，1890年，幽灵岛高出海面49米；1898年时，它又沉没在水下7米。1967年12月，它再一次冒出海面；可到了1968年，它又消失得无影无踪。

就这样，这个岛多次出现，多次消失，变幻无常。1979年6月，该岛又从海上长了出来。由于小岛像幽灵一样在海上时隐时现，所以人们把它称为幽灵岛。

小岛的发现与失踪

在斯匹次培根群岛以北的地平线上，1707年英国船长朱利叶斯发现了陆地，但这块陆地始终无法接近。然而值得肯定的是，这块陆地的发现不是光学错觉。于是他便将陆地标在海图上。

200年后，乘"叶尔玛克号"破冰船，到北极考察的海军上将玛卡洛夫与他的考察队员们，再次发现了一片陆地，而且正是朱利叶斯当年所见到的那块陆地。

航海家沃尔斯列依在1925年经过该地区时，也发现过这个岛屿的轮廓。它就是100多年前，由英国探险家德克尔斯蒂发现的，它也因此被命名为德克尔斯蒂岛。大批的捕捉者来到了这个盛产海豹的岛上，并建立了修船厂和营地。但此岛却在1954年夏季突然失踪了。

相关事件记载

1943年，日本海军、空军在太平洋和美军的交战中节节失利。设在南太平洋所罗门群岛拉包尔的日本联合航海总部，遭到美国空军的猛烈轰炸。为了疏散伤病员和一些战略物资，一日本侦察机发现距拉包尔以南100多海里的海域，有一个无人居住的海岛。

这岛上绿树成荫，有小溪流水，几十平方千米的面积，又不在主航道上，是一个疏散、隐藏伤员的好地方。于是日军将1000多名伤病员和一些战略物资，运到了这荒无人烟的海岛上。伤病员安居后，日军总部一直和这里保持联系，经常运来食品和医疗

用品。

　　谁知一个多月以后，无线电联系突然中断。日军总部担心美军袭击并占领该岛，马上派出飞机、军舰前来支援，但再也找不到该岛。

　　1000多人和物资也随小岛一起消失了。美国侦察机也发现过该岛，并拍了详细的照片，发现有日军躲藏。等派出军舰前来搜索时，却发现这片水域茫茫一片，什么也没有。

专家说法

　　幽灵岛在爱琴海桑托林群岛、冰岛、阿留申群岛、汤加海沟附近海域曾多次被发现过。

　　它是海底火山耍的把戏：火山喷发，大量熔岩堆积，火山停止活动以后便形成岛屿；一段时间后岛屿下沉、剥蚀，隐没在海面下。

延 伸 阅 读

　　法国科学家对幽灵岛的成因作了如下解释：由于撒哈拉沙漠之下有巨大的暗河流入大洋，巨量沙土在海底迅速堆积增高，直至升出海面，因此临时的沙岛便这样形成了。然而，暗河水会出现越堵越汹涌的情况，并会冲击沙岛，使之迅速被冲垮，并最终被水流推到大洋的远处。

死亡涯死亡探谜

优美的悬崖峭壁

在英国东海岸的东伯恩，有一处风景优美的悬崖峭壁，如刀削般直立海边。崖顶风光如画，绿草如茵，而且可以俯视英伦海峡。它是非常吸引人的游览胜地，也是出名的死亡之崖。

　　每年很多来自美国、法国和荷兰的游客前来游览。他们登上崖顶，面对英伦海峡，眺望烟波浩瀚的大海，心情说不出的兴奋，仿佛进入天国。

　　在这醉人的美景中，有人忽然变得飘飘然，情不自禁地想投入崖下大海的怀抱。在一种亦幻亦真的感觉的推动下，有的人纵身跳下悬崖，告别了这个世界。

　　有人说，这些游客是受到魔鬼的引诱才这样做的。

频繁的跳崖事件

英国一家医院的一位心理医生，已对很多游客在那里跳崖自杀的事进行了20多年的研究。他发现首宗跳崖自杀的事情发生在1600年，自此后选择此处自杀者越来越多。

很多自杀者原是高高兴兴来游山玩水的游客，事先都没有自杀的企图。

他认为，很多人是置于迷人风景之中，心旷神怡之时，产生的一种莫名其妙的难以自制的心理，促成他们自杀。这时自杀者可能一时意乱情迷，难以自制而走上自杀之途，尚不知自己做了什么事。这种情况在心理学上也可以做出解释。

几年前，美国有一位大学教授和爱妻来这里度假，他们共同游览了东伯恩山崖，当时玩得非常愉快。

但夫妇俩回到伦敦准备动身回美国时，教授的妻子突然神秘失踪。原来，她独自一人乘火车再次来到死亡之崖，并从上面毫不犹豫地跳了下去。

这位教授得到消息后非常悲痛，他对此百思不解，更无法解释其中的原因，他和妻子一直感情很好，这次旅行也很快乐，他对闻讯来访的记者说，妻子没有任何自杀的理由。

死亡之崖屹立在英伦海峡边，悲剧仍在不断发生，轻生的人从崖上纵身一跳，6秒钟后就会粉身碎骨。到底这么多人在此自杀的原因何在，至今仍是一个谜。

延 伸 阅 读

美国生物学家韦恩后来在当地图书馆里调取了死亡崖的大批档案。在仔细阅读后，认为死亡崖的"杀人真凶"是生长在当地的曼德拉草，因为这种貌不惊人的小草体内含有大量有毒的致幻成分，当人情绪异常时很容易产生幻觉出现意外。但也有科学家不认可他的看法，认为曼德拉草不具备那么大的魔力。

无底洞通向何方

无底洞的传说

在《西游记》中，孙悟空曾经三探无底洞。现实中，地球上是否真的存在无底洞？

地球是由地壳、地幔和地核三层组成。因此无底洞是不可能存在的。我们所看到的各种山洞、裂口、裂缝，甚至火山口，也

都只是地壳浅部的一种现象。然而我国一些古籍，却多次提到地球上有个深不可测的无底洞，如《山海经·大荒东经》记载："东海之外有大壑"。

《列子·汤问》记载道：

渤海之东，不知几亿万里，有大壑焉，实惟无底之谷，其下无底，名曰归墟。八纮九野之水，无汉之流，莫不注之，而无增无减焉。

无底洞的发现

世界科学家几经寻觅，发现在希腊亚各斯古城的海滨，存在着这样一个无底洞。由于濒临大海，在涨潮时，汹涌的海水便会

排山倒海般地涌入洞中，形成一股湍湍的急流。

据测，每天流入洞内的海水量达30000多吨。奇怪的是，如此大量的海水灌入洞中，却从来没有把洞灌满过。

于是曾有人怀疑，这个无底洞会不会就像石灰岩地区的漏斗、竖井、落水洞一类的地形。然而从20世纪30年代以来，人们做了多种努力企图寻找它的出口，却都是白费功夫。

对无底洞的探索

为了揭开这个秘密，1958年美国地理学会派出一支考察队。他们把一种经久不变的带色染料溶解在海水中，观察染料是如何随着海水一起流入洞里。接着他们又察看了附近海面，以及岛上的河、湖，满怀希望地去寻找这种带颜色的水，结果令人失望。

但这并不能表明无底洞没有出口，也许是海水量太大，把有色水稀释得太淡，以致无法发现？

持续不断的研究

几年后他们又进行新的试验。他们制造了一种浅玫瑰色的塑料小颗粒。这是一种比水略轻，能浮在水中不沉底，又不会被水溶解的塑料粒子。他们把130千克重的这种肩负特殊使命的物质，统统掷入到打旋的海水里。

片刻工夫，所有的小塑料粒子就像一个整体，全部被无底洞吞没。他们设想，只要有一粒在别的地方冒出来，就可以找到无底洞的出口了。然而，发动了数以百计的人，在各地水域整整搜寻了一年多，但仍一无所获。

延 伸 阅 读

四川无底洞：我国四川省兴文县的石海洞乡，就有这样的一个大漏斗，它的长径650米，短径490米，深208米，无论是暴雨倾盆，还是山水聚至，其底部始终不积水，谁也不知道水流到哪儿去了。

明灯不熄的谜团

神灯屡次现身

527年，叙利亚处于东罗马帝国的统治，当时在叙利亚境内的东罗马士兵们曾发现，在一个关隘的壁龛里亮着一盏灯，灯被精巧的罩子罩着，罩子好像是用来挡风的。根据当时发现的铭文可知，这盏灯是在公元27年被点亮的。士兵们发现它时，这盏灯竟然已经持续燃烧了500年。

一位希腊历史学家曾记录了在埃及太阳神庙门上燃烧着的一盏灯。这盏灯不用任何燃料，亮了几个世纪，无论刮风下雨，它都不会熄灭。据罗马神学家圣·奥古斯丁描述，埃及维纳斯神庙也有一盏类似的灯，也是风吹不熄，雨浇不灭。

1400年，人们发现古罗马国王之子派勒斯的坟墓里也点燃着这样一盏灯，这盏灯已持续燃烧了2000多年。风和水都对它无可奈何。

1534年，英国国王亨利八世

的军队冲进了英国教堂，解散了宗教团体，挖掘和抢劫了许多坟墓。他们在约克郡发掘罗马皇帝康斯坦丁之父的坟墓时，发现了一盏还在燃烧的灯，康斯坦丁之父死于300年，这意味着这盏灯燃烧了1200年。

1540年，罗马教皇保罗三世在罗马的亚壁古道旁边的坟墓里发现了一盏燃烧的灯。这个坟墓据说是古罗马政治家西塞罗的女儿之墓，西塞罗的女儿死于公元前44年。显然，这盏灯在这个封闭的拱形坟墓里燃烧了1584年。

是古人的魔咒吗

可是很奇怪，上述这些灯一旦被人们发现而现身后，就会以某种方式很快毁坏掉，例如被野蛮的掠夺者和挖掘者毁坏。难道古人在利用某种魔咒来保守他们的技术秘密？

17世纪中期，在法国格勒诺布尔，一位叫杜·普瑞兹的瑞士士兵偶然发现了一个古墓入口。进入古墓后，并没有发现任何他想要的金银珠宝。让他惊讶的是在这与世隔绝的坟墓里，竟然还有一盏正在燃烧的玻璃灯，惊异之余，他把这盏神秘的灯带出了坟墓，送给了修道院，修道院里的僧侣们同样目瞪口呆，这盏灯至少已经燃烧了上千年。他们像宝一样保存着它，可惜的是几个月后，一位老年僧侣竟然不小心把它碰掉在地上摔碎了。

另一件趣事发生在英格兰，一个神秘的不同寻常的坟墓被打开了。打开这个坟墓的人发现，在坟墓拱顶上悬挂着一盏灯，照亮了整个坟墓。当这个人往前走时，地板的一部分随着他的走动在颤动。突然，一个身着盔甲，原本固定的雕像开始移动，举着手中的某种武器，移动至灯附近，伸出手中的武器击毁了这盏灯。这个宝贵的灯就这样被毁坏了。

古墓明灯是谁制作的

我们的祖先是如何发明这些永不熄灭的灯？不熄之火最早出现在各种神话中。据说这种不熄的火光是天宫之火，是普罗米修斯把它偷偷带给了人类。也许是某位先哲把它传给了人类，就像神农氏教会人类种植农作物，有巢氏教会人类建造住所一样。一旦人类得知如何制造永久的灯光时，全世界的庙宇都想装上这种永不熄灭的灯。

根据古埃及、希腊和罗马等地的风俗，死亡的人也需要灯光驱逐黑暗，照亮道路。因此，在坟墓被密封前，习惯于放一盏灯在里面。而富贵荣华之家就要奢侈一些，放上一盏不熄的灯，永

远为死者照亮。千百年以后，当这些坟墓的拱顶被打开时，发掘者发现里面的灯还在好好地燃烧着。

一般平民的墓穴里都没有这种灯，不过，并不富贵奢华的古代炼金术士的墓穴里会出现这种灯。1610年，一位叫洛斯克鲁兹的炼金术士的坟墓在他死后120年被掘开，人们发现里面也亮着这样一盏不熄的灯。于是人们怀疑古时的炼金术士和铸工懂得制造这种长明灯的技术。难道不熄的灯与金属有关？

长明灯不熄之谜

一部分人认为，世界各国有关长明灯的记录足以让人肯定，确实存在这样一种不熄的灯，或者长久燃烧的灯，只是技术失传，我们现在的人理解不了。中世纪时期的大部分有识之士认为，确实存在这种不熄的灯，并且认为这种灯具有某种魔力。

另一部分人则认为，虽然有那么多有关长明灯的记录，但现实中并没有一盏长明灯摆在众目睽睽之下，而且这种灯的能源问题严重违背能量守恒定律，因此这种不熄的灯应该不存在。还有许多人认为，这也许是古人在书中开的一种玩笑。

如果长明灯真的存在，它们的能量来源是什么？千百年长久地燃烧，若是普通的煤油灯，就要耗费多少万升的煤油。难道它们的燃料是能够不断补充的？

中世纪以后，许多思想家曾经试图用补充燃料的方式制造一盏长明灯，即在燃料将耗尽时，快速补充燃料。但是没有一个实验成功过。即使利用现代的燃料连续补充技术，制造一个千百年长明的灯，也不太现实。还有一些人大胆推测，这种灯是使用电的灯，灯碗里那看似燃料的液体可能就是用来导电的汞，所以

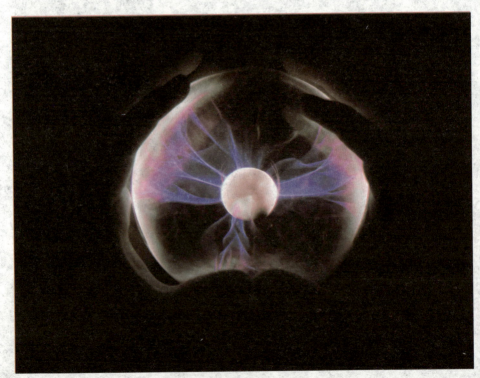

　　"燃料"看起来永不见少，这种用电的灯也不怕风吹雨打。古时的希伯来人就秘密地保守着现代叫做电的技术。

　　13世纪，一个叫杰彻利的法国人拥有一盏灯，没有任何油或灯芯。通常灯被放置在他房间的前廊，每一个人都可以看见。当他被问及灯为什么会亮时，他总是微微一笑："保密！"

　　他做过许多与电有关的实验。为了保护自己不被仇家侵犯，他发明了一种放电按钮，能够放出一股电流到门上的铁把手。当杰彻利按下按钮时，闪亮的蓝色火花就会突然冒出来。

　　如果神灯真的是用电能点亮的，那么电能是如何产生的？难道庙宇或古墓中安装有能够发电的机器吗？要做到一劳永逸不断供应电能，只有太阳能发电可以做到。神灯真的是利用太阳能发电吗？

我国关于古墓明灯的记载

在中国，也有关于长明灯的记载。《史记》中记载在秦始皇陵墓中就安置有长明灯。中国人有视死如视生的传统，人死后的陵墓也对应称作阴宅，君王尤其重视陵墓，作为死后的居所，他们也希望像他们生前的宫殿一样灯火辉煌，因此也就有了长明灯。

一种长明灯是双层结构，里面的一个容器内装灯油，灯芯用醋泡制，外层装水，用以冷却灯油。这是个伟大的发明，因为油灯消耗的油主要不是点燃了，而是受热挥发，醋泡过的灯芯能保持低温，油坛外面的水也可以有效阻止油温上升，但是长明终究是理想中的愿望。在北京定陵的发掘中，陵墓正殿有一口青瓷大缸，内盛蜡质灯油，还有一个灯芯，这就是长明灯了，但是显然这盏灯在陵墓封闭后不长时间就熄灭了，原因是密闭的陵墓中缺少燃烧所需要的空气。

延 伸 阅 读

考古记录显示，这种古庙灯光或古墓灯光的现象在世界各地都有发现，例如印度、中国、埃及、希腊、南美、北美等许多拥有古老文明的国家和地区，就连意大利、英国、爱尔兰和法国等地也出现过。

被雷电跟踪的人

一生遭雷击八次

美国的佩戴·乔·巴达松不知什么原因，一直被雷跟踪着，一生竟遭8次雷击，让人不可思议。

佩戴·乔·巴达松从小就受过雷击，虽然她当时幸免于难，但从那以后，她的住宅受到了3次雷击，特别是1957年的第三次

雷击，把她的家烧得一无所有。

佩戴长大以后，和一位名叫亚尼斯特·巴达松的男士结了婚，婚后安家在美国密西西比州的乡镇温班·乍尔。这时，雷也跟来了，三年内他家竟连遭4次雷击。

每次都安全无恙

最后发生的那次雷击更为可怕。当巴达松夫妇在庭院剥豆荚时，突然狂风大作，雷雨交加，几分钟后，震耳欲聋的暴雷巨响，把房屋都震动了，只见室内被雷击成一片焦黑。

当他俩跑出走廊时，发现庭院的植物及抽水泵都有受到雷击的痕迹，家犬被击死，受到雷击的地面，留下了一条一米深的长沟。

专家们认为，佩戴身上可能有一种特殊物质，因此雷一直跟踪着她，不过这也只是一种猜测而已。

延 伸 阅 读

美国弗吉尼亚州中纳当亚国家公园的管理人罗伊·沙利文，被雷击中8次都大难不死。有人说，罗伊身体内藏有导体，也有人认为，他家附近也许埋着某种金属或化学物质，可以导雷。但谁也无法证实自己的见解。

难解的雷击现象

奇怪的雷击事件

1980年夏季的一天，印度一位患白内障双目失明的老人，正在家里坐着。突然，一个巨大的闷雷在阴云密布的空中炸响，他立即被击倒在地，碰掉了几颗牙齿，脑子震动了几秒钟。第二天，他一

觉醒来，惊喜地发现自己又重见光明了。科学家认为，患者处在雷击的磁场内，磁场使眼球中的不溶性蛋白质变成了可溶性蛋白质，消除了白内障。

1968年的夏天，法国遭到一场雷雨的袭击。当时，闪电将一群绵羊中的黑羊全部击毙，但白羊却安然无恙。

不同的树木遭遇雷击的可能性也不同。据调查，在100次雷击树木中，击中柞树的次数最多，为54次；杨树为24次；云杉为10次；松树为6次；梨树和樱桃树为4次；但桦树和槭树则从未被击中。当然，这是指混合在茂密树林中的桦树和槭树，而不是空旷地区的孤树。其原因到目前为止尚无定论。

被雷电击中过的人

弗拉卡斯托罗是著名的意大利诗人和医生。在他还是婴儿的时候，有一天正当母亲抱着他时，突然被雷电击中，母亲当场死亡，但他却安然无恙。 格里高利·戚廉·里赫曼，这位俄国物理学家将一个仪器与避雷针连接在一起，试图测量大气中的放电现象。在一次雷雨中，当他正俯身观察仪器上的读数时，一次雷电击中那根避雷针。避雷针从仪器上弹起，猛地击中他的头部，里赫曼当场倒毙。 奥蒂斯是一位美国政治家，他常对别人说，他希望以一次雷电来结束自己的生命。这个愿望终于实现了。当他在一间低矮的农舍走廊里与家人和朋友交谈时，雷电击中了农舍的烟囱。火球沿着烟道进入走廊，并跳到奥蒂斯身上把他击死，但他身上没有留下任何伤痕，屋里的其他人也都安然无恙。

雷电多次击毙独自在野外平原上干活的农民。也许以这种方式丧生的农民中最著名的要数吉西·彭克尔了，他是张·彭克尔的儿子，是一对连体婴儿中的一个。

弗朗西斯·西德尼·施米特是一位英国登山运动员，因登上珠穆朗玛峰而闻名遐迩。可是他差一点在阿尔卑斯山上丧命。一个雷电把他击得失去了知觉，但是由于他那身湿漉漉的衣服吸收了大部分电荷，从而使他幸免于难。

希尔德是一位天文学家，1976年的一天，当他正在亚利桑那天文台工作时，雷电击中了他的望远镜，把他击昏了过去。在被送往医院的途中，他的心脏已停止跳动。但是他很快就恢复了健康，并于当天返回天文台工作。 尼克·那伐罗是巴拿马短跑运动员。1978年12月28日，当他从迈阿密的卡尔德田径场走回休息室时，遭到了雷击，立刻身亡。

延 伸 阅 读

比姬·戈德温是弗吉尼亚州州长米尔斯·戈德温的女儿。当她在晴空下从海浪中回到海滩时，远处一团乌云中突然打来一个霹雳，将她击中。她虽然立刻得到抢救，但是两天之后仍然身亡。

"钟爱"男人的雷电

雷电不"爱"女人"爱"男人

1878年9月1日，法国博内勒地区的3个妇女和一个男人正在路上行走，忽然雷电交加，于是他们躲到大树下避雨。女人们害

怕把裙子弄脏，没有靠着树干，而那个男子则背靠着大树站着。突然一道闪电从天而降，男子身上的衣服瞬间燃烧起来，女人们过去救他，却惊恐地发现，他已经死了。

更离奇的雷击选择性的记载在英国。一对夫妇搂抱着在树下避雨，忽然一道闪电过后，女人发现丈夫不见了，只在地面上看见一小堆灰烬，原来丈夫已在瞬间蒸发了，尽管闪电的温度是太阳表面温度的5倍，但女人自己却安然无恙。

在我国也曾发生过这种现象。1986年4月25日，湖南省溆浦县的观音阁、双井、低庄乡等地，乌云压顶，风雨交加，电闪雷鸣……随着一道强烈的闪光，一声震耳的霹雷落地炸雷，殃及了3个乡6个村庄，顿时一片混乱，雷声、雨声、风声、哭声、喊声混杂在一起。

据地、县联合调查组调查，当场雷击死亡7人，伤10人，而且全部都是男人，其中重伤3人，有一名死者的头发、衣物全被烧化，身躯也被烧焦变形，惨不忍睹。

这种雷电奇怪的选择性中隐藏着怎样的秘密？迄今为止，这种现象仍然是一个谜，有关专家针对雷电现象的研究，也没有到达那个层面。

令人迷惑的雷电之谜

雷电的神秘之处在于，它不仅仅更"青睐"男人，而且能变幻出各种神秘莫测的怪异景象。

据国外资料显示，排列整齐的一队羊群，雷电可能有规律地间隔击毙其中的一部分；遭到雷击的人或动物，可能在皮肤表面或毛皮之内留下某种图案或象形文字。

在美国，有个小男孩爬到树上掏鸟蛋，适逢雷击，落地毙命的小男孩胸部清晰地烙着那棵树的图像，枝头上还有一只小鸟，小鸟的旁边正是那个鸟窝。

为什么会出现这种情景？不论在国内还是国外，至今科学家们对这些现象还无法作出科学解释。

延 伸 阅 读

2013年7月4日，美国新墨西哥州的一名孕妇和她的丈夫在一棵大树下躲雨时遭遇雷击，她的丈夫当场被雷击死，这名孕妇被送到医院后，医生紧急为她进行剖腹产，母子平安。

神秘"红雨"来自哪里

神秘"红雨"倾盆而下

2001年7月25日，印度西部喀拉拉邦突降一场血红色暴雨，有时雨量甚至达到像深红色床单般倾盆而下。这场雨断断续续下了两个月，将海岸、树叶都染成深红色。当地居民用自来水洗衣服后，衣服也变成粉红色。

科学家感到震惊，印度政府下令进行调查。为什么会下"红雨"，红色从何而来？这一奇怪的现象立即引来世界各地的研究

者前往一探究竟。

阿拉伯红土导致雨水变红

一些调查人员认为，红雨不值得大惊小怪。降雨发生前，强风带来了阿拉伯地区的红土，随着降雨发生，红土夹杂在雨水中降落，使雨变成了红色，整个降雨区域也因此被染得一片鲜红。

但是，这种说法当即遭到许多人的反对。理由是下的时间太长了。设想一下，某个地区一连两个月断断续续地下雨，这可以理解。但是突然两个月连续不断地刮强风，不断地带来阿拉伯地区的红土，这似乎难以成立。

疑是外星细菌

印度圣雄甘地大学的应用物理学家、普尔大学物理学家戈弗雷·路易斯就不认为这是阿拉伯红土染红的。为弄清楚这到底是什么，他特地在喀拉拉邦收集了部分雨水的沉淀物，带回实验室做了综合分析。经过5年的研究，他吃惊地发现，红色沉淀物根本不是泥土、灰尘，而是外星细菌。路易斯大胆地提出：那是来自彗星的外星生物，当年那场雨可能就是"外星生物登陆地球"。

倘若你通过显微镜仔细观察就会吃惊地发现，红雨颗粒形状大小不一，有球形、椭圆形和长椭圆形，1000倍显微镜下可见形状，有细胞膜，很厚，但无细胞核，是一种类似于细菌的物质。

路易斯说："通过显微镜观察，你能发现它绝不是泥土，反而有明显的生物特征。" 根据成分分析，瓶中沉淀物含碳50%，含氧45%，还含有部分钠和铁以及其他成分，这与微生物的构成极其相似。看来它们是从地球外某个星体降落至地球上。

疑是彗星或流星雨

路易斯发现，就在2001年7月25日下红雨前的几个小时里，当地发生了极为强烈的音爆，喀拉拉邦的居民房屋受到极大震动。根据当时的情况，除非陨石闯入大气层，否则不会产生那样剧烈

的反应。因此支持路易斯理论的科学家们由此推断，当天一颗彗星在经过地球时，一些碎片脱落下来，穿过大气层坠落地面。

而在这一过程中，碎片由于受到摩擦，烫得发红，分裂成为更多碎片，并伴随着降雨落至地面。由于那颗彗星中含有丰富的有机化学物质，而地球上的生命也是由微生物不断进化而来，所以雨水中的沉淀物也具有生命初期的特征。

不过，路易斯的离奇理论遭到许多人质疑。但也有许多科学家认为，路易斯的发现或许不正确，但他突破了常规思维。英国谢菲尔德大学微生物学家米尔顿·温赖特也支持路易斯的部分说法。温赖特说："现在就定论红雨究竟是什么还为时过早，但是我确定瓶中的沉淀物绝对不是泥土，但也与地球上存在的生物不同。"最终结论还有待进一步确认。

延 伸 阅 读

2013年7月4日，美国新墨西哥州的一名孕妇和她的丈夫在一棵大树下躲雨时遭遇雷击，她的丈夫当场被雷击死，这名孕妇被送到医院后，医生紧急为她进行剖腹产，母子平安。

哭墙"流泪"之谜

不寻常异象

以色列圣城耶路撒冷在2002年7月出现极不寻常异象，著名哭墙的一块石块竟流出泪水般的水渍。一些朝圣者发现哭墙的石块流出水滴。哭墙流出的水滴至今已浸湿了400平方厘米面积的城墙。

那些水滴是由哭墙男士朝圣区右边中间的一块石块流出，其位置接近女士朝圣区的分界线。哭墙流出水滴一直持续，圣殿山的管理官员已知此事，那些水滴可能由管理官员装设的一条喉管

流出。

　　但有专家指若是正常滴水，不会不被蒸发，而且也不扩散，实在是谜！一些犹太教的神秘教派更指出在他们的典籍中预言，若哭墙流泪的话，是世界末日的先兆。

哭墙名字由来及其历史

　　公元前11世纪古以色列王大卫统一犹太各部族，建立了以耶路撒冷为首都的以色列王国。公元前10世纪大卫儿子所罗门继承王位后，在首都锡安山上建造了首座犹太教圣殿所罗门圣殿，俗称"第一圣殿"，来此献祭的教徒络绎不绝，从而形成古犹太人宗教和政治活动中心。

　　公元前586年，第一圣殿不幸被入侵的巴比伦人摧毁。将大卫王之子所罗门王为耶和华所建的"第一圣殿"付之一炬，40000多犹太人被房，史称"巴比伦之囚"。经过了半个世纪的流亡生活，犹太人陆续重返家园，后来又在第一圣殿旧址上建造第二圣殿。

公元70年，罗马帝国皇帝希律王统治时期，极力镇压犹太教起义，数十万犹太人惨遭杀戮，绝大部分犹太人被驱逐出巴勒斯坦，耶路撒冷和圣殿几乎被夷为平地，该墙壁为同一时期希律王在第二圣殿断垣残壁的遗址上修建起的护墙。

直至拜占庭帝国时期犹太人才可以在每年安息日时获得一次重归故里的机会，无数的犹太教信徒纷纷至此，面壁而泣，"哭墙"由此而名。

7世纪，阿拉伯人建立的阿拉伯帝国占领巴勒斯坦，由于帝国内部实行宽容的宗教政策，所以哭墙没有被刻意损坏，反而被妥善保护起来，因此西墙历经千年历史仍然存在。

尽管该围墙为伊斯兰圣地西墙的一段，但犹太人仍然把它视为本民族信仰和团结的象征。每逢犹太教安息日时，尚有人到哭墙去表示哀悼，还有许多信仰者将心愿或悼念之辞写于纸上塞进墙壁的缝隙里。

第二次世界大战期

间，惨遭德国法西斯杀害的犹太人达600万之多。这些惨痛的历史遭遇，深深印在犹太人的心灵之中，哭墙便更被犹太人视为信仰和团结的象征。

哭墙脚下经常有来自世界各地的犹太人，他们或围着一张张方桌做宗教仪式，或端坐在一条条长凳上念诵经文，或面壁肃立默默祈祷，或长跪在地啜泣哽咽。

宗教节日，祈祷者及游人更多。哭墙分为两部分，中间隔一栅栏，男女分开祈祷。入男部，必须带上用纸做的小帽，否则被视为异教徒而不准入内。

在做正式祈祷时，要准备好两个装着"圣书"语录的小羊皮袋子，一个戴在头上，另一个捆在手臂上，身上披一件特制的披肩。教徒们在祈祷时，面对哭墙，口中念念有词，全身前仰后合，虔诚之态令人肃然起敬。

1967年，以色列侵略周围阿拉伯国家并占领整个耶路撒冷。近2000年来，西墙首次处于犹太人控制之下。以色列政府在西墙前辟出宽阔的广场，每逢阵亡将士纪念日、大屠杀纪念日、犹太新年、赎罪日等重要的国家或宗教节日，便在此举行纪念活动或宗教仪式。

　　1981年哭墙被列入《世界遗产目录》。

传说及考证

　　耶路撒冷著名的"哭墙哭了"：这面巨大的石墙中间的一块巨石上异样地出现了一道水渍，经过几天风吹日晒依然如此，既不扩大、也不消失。

　　如果把水渍形容为"哭墙之泪"的话，那么哭墙实际上流了3行泪，而不是先前所报道的一处。在哭墙前看到，那行"泪"位

于哭墙中间靠左的位置，距离地面大约六七米的高度。水渍长方形，尽管湿漉漉的，却并没有水滴下来，水渍四周都是干的，一点水的痕迹也没有。

由于水渍正好位于一块巨石正面，所以从地面看起来似乎水是从石头内部渗出来的，这也许是一些人觉得怪异的原因。另外两处水渍都位于石墙的缝隙处。水从缝隙里渗漏出来，润湿了下面的石头，一些墙缝的填料也被腐蚀掉了，所以看起来更像两只"流泪的眼睛"。

"哭墙之泪"被证明纯属自然现象

其实哭墙出现水渍并不是最近才有的，而是一种经常出现的自然现象。这种现象在2001年前就出现过，当时查明，原因是哭墙另外一侧用于滴灌的水管发生渗漏，而渗漏的速度和蒸发的速度正好相抵，所以水渍能够长时间既不消失也不扩大。

　　以色列文物局会同有关地质和文物专家也对哭墙水渍现象进行了调查分析，最后专家们得出的意见也证实"哭墙之泪"其实并不神秘。

　　以色列文物局在发布的调查结论中说，这一现象虽然不像2001年前那样，是由于渗水形成的，但也属自然现象，是由于一种长在石头中间的植物腐烂后引起的。

　　"哭墙之泪"虽然被证明纯属自然现象，但人们仍旧希望，总有一天和平会降临这片土地。那时，人们将不再互相杀戮，而哭墙也会恢复它本来的称呼——西墙，到那时，哭墙将不再流泪！

　　据说，在所罗门圣殿被罗马人焚烧时，犹太人面对坍塌的大殿和残垣断壁，聚集在西墙下失声恸哭。期间，有人看见有6位天使

也坐在一面残墙上哀声哭泣。天使的泪水渗入石缝，从而使圣殿废墟的残壁永远不倒，见证着这段苦难与悲剧。

今日的"哭墙"，已是当年圣殿的唯一遗迹，面对这面悲情记忆的历史之墙，苦难的犹太人怎能不悲从心起，辛酸落泪呢？作为旁观者，谁能理解犹太人心目中的上帝？谁能像犹太人一样理解和平的深刻涵义？谁又能真正理解他们的希望和痛哭？

延　伸　阅　读

1992年据考古学家透露，他们在"哭墙"发现5块巨型基石，这些石块有2000多年的历史。据考古学家用声波探测法测定，其中最大一块巨石约长13.6米，宽4.6米，高3.5米，重达57万千克，据说是世界上第三大人造巨石。

梦中为何会有人托梦

噩梦后的怪事

1988年8月28日凌晨3时，在波士顿一家报社的值班编辑萨姆森做了一个梦，梦见南洋爪哇岛附近的一个小岛火山爆发，当地居民被熔岩埋没，接着又发生了海啸，好几艘巨轮颠覆沉没。

萨姆森醒来，回想刚才的噩梦，觉得这是个很有趣味性的题材，便把梦中见到的一切写成文章。早上，他把稿子往办公室的

桌子一放就回家了。

不一会儿，主编来上班，一眼瞧见萨姆森写的稿子，误以为是昨夜发生的重大事件的新闻稿，匆匆拿去发稿了。事后才知道这篇稿子是编辑自己梦见的内容写成的趣味读物。但是，为时已晚，报纸已经发到市民手中了，在社会上引起一场轩然大波。

报社社长赶紧召集各部门负责人举行碰头会，磋商善后事宜，决定在报纸上就此事公开道歉。恰在这时消息传来：爪哇岛附近的小岛火山爆发，情形与萨姆森所梦见的完全相同，即在萨姆森梦见火山爆发的同时，位于爪哇和苏门答腊之间的克拉卡托岛的火山真的爆发了。

这是一场有史以来的大惨剧，爆炸使得长8000米，宽4000

米，呈长方形的克拉卡托岛失去了2/3的面积，爆炸引起的海啸使163个村镇毁灭，死亡人数达40000余人。

为什么萨姆森会在梦中预见到这场大悲剧呢？这真是个难解之谜！

卡米拉梦中惊见戴妃鬼魂

2002年7月，戴安娜情敌卡米拉与王储查理斯在苏格兰梅伊古堡留宿时，在梦中赫然看见戴妃鬼魂出现，使其精神陷入崩溃。卡米拉又因自己与查理斯的婚外情，对戴妃造成的伤害深感愧疚，失控落泪，恳求戴妃鬼魂原谅。

另外一直盛传戴安娜冤魂不息，鬼魂在她的童年故居兼香冢、史宾沙家族封地的大宅，以及附近湖畔的墓地出没。许多访客声称在湖面等各处看到她显灵，甚至有人见过她站在湖边饮泣和说话，似乎仍有心事未了。

戴妃弟弟史宾沙伯爵的发言人福克斯承认："人们在奥尔索普封地目睹怪事发生。"据报载：戴妃香冢所在的小岛，是戴妃生前其中一个最喜欢的地方。

有职员称，他也曾见过戴妃鬼魂，戴妃还好像想跟他说话。他说："她站在湖边，哭个不停。她在说话，想告诉我一些事，但我无法明白她的意思。我觉得她非常不开心，因为她还有很多心事未了"。

据法国法院判决说，根据周密调查，法庭认为为戴安娜开车的司机保罗酒后开车、超速行驶是造成车祸的直接原因。

很多人认为，戴安娜之死由于受到"狗仔队"的围追堵截，戴安娜王妃与男友多迪为摆脱一帮摄影记者的追逐，在巴黎发生

车祸，双双身亡，司机也当场毙命。

车祸之后，有消息指责戴安娜之死是爱尔兰共和军所为，他们派摩托车手混入"狗仔队"中行刺。但新芬党领袖亚当称他们没有将戴安娜的名字列入暗杀名单。另说其中4名"狗仔队"是受英国秘密社会共济会的指派。

英国社会传闻，因戴安娜已怀有身孕，为避免未来国王威廉有个异父兄弟，王室遂指派间谍机构军情五处和六处下毒手。

还有种说法指责地雷制造商杀害了戴安娜，甚至有人说在出事当时听到一声状似地雷爆炸的响声。因为戴安娜一直关心地雷带来的祸害，倡议全球禁制地雷，因而损害了他们的利益。

有报纸称，肇事车辆曾被人盗去控制刹车的电脑中枢组件，令人怀疑车祸可能与汽车机件故障有关。有人目睹一部摩托车扭向戴安娜所乘车的前面，在看到一些照相机闪光后奔驰车便失去控制，据说当时摩托车上有两个人。

当年伊拉克《巴格达日报》称，戴安娜是被英国特工干掉的，因为她逾越本身的权限，牵涉到政治圈子里去。该报又指出特工选择在法国下手，目的是为了推卸责任。

英国著名心脏外科专家巴纳德表示，如果戴安娜在车祸发生后的10分钟内被送往医院，她可能已被救活了，因为只有手术才能制止大出血，而他们却在现场磨蹭了一个多小时。一位法国医生弗雷德里克回忆说，戴安娜当时看上去"还不错，有活下来的机会。"

有传言称，目前戴安娜仍活在世上，"诈死"是想摆脱传媒追踪，重新过平淡生活，以逃避世俗的纷扰，现正以另一身份在世界另一边出现。有人称，出事后4个小时才对外界宣布戴安娜死亡，有足够的时间隐瞒真相及让戴安娜改头换面。

延 伸 阅 读

戴安娜王妃1961年7月1日出生于英国诺福克，1981年7月29日与威尔士亲王查理斯结婚。1987年6月，戴安娜将她所拍卖的79件服装所得350万英镑，全部捐给慈善事业，她的品行深深感动了普通人。1997年8月31日因车祸死于法国巴黎。